westermann

Heimat und Welt

GEOGRAPHIE FÜR SACHSEN-ANHALT

Schuljahrgang 6
Sekundarschule

Autorinnen
Margit Colditz
Notburga Protze

unter Mitwirkung
der Verlagsredaktion

Inhaltsverzeichnis

Dieses Heft wird bearbeitet von:

Vorname ______ *Name* ______

Name der Schule ______ *Klasse* ______

Europa – Begrenzung und Gliederung

1. Kennzeichne in der Karte Nordkap Ⓐ und Westkap / Cabo da Roca Ⓑ.

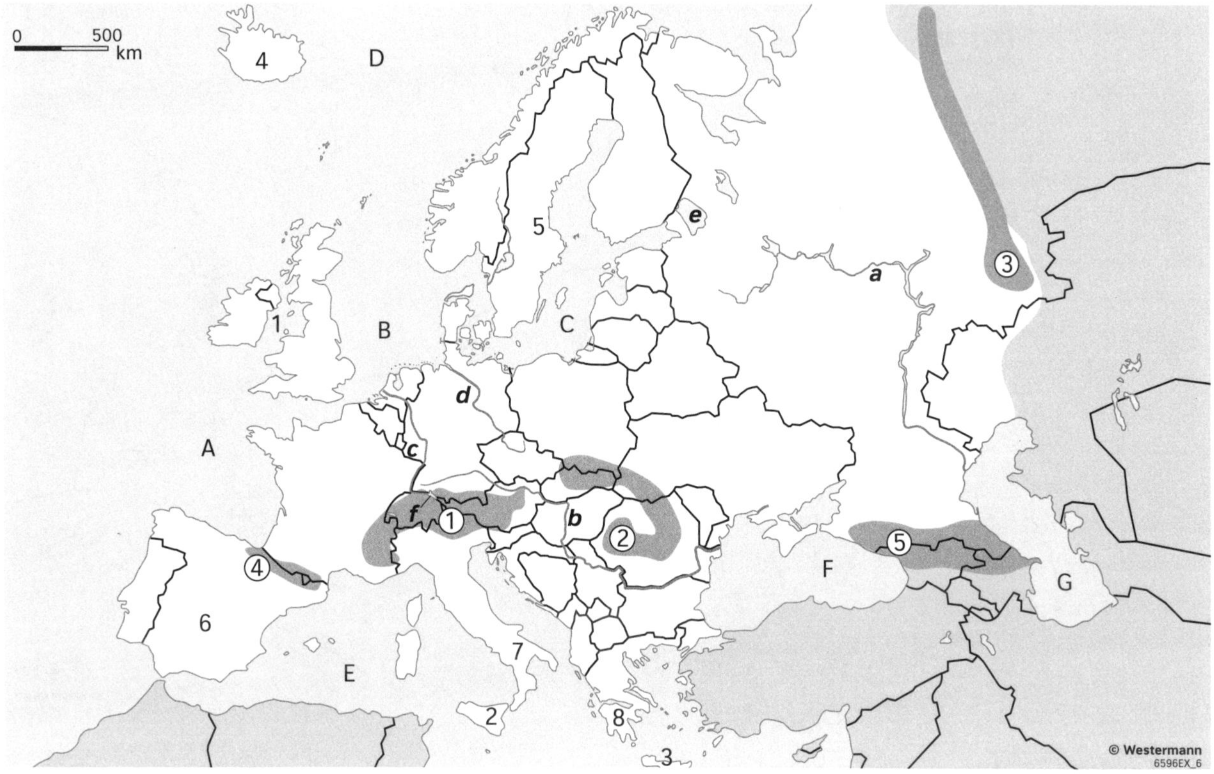

2. Beschreibe die Lage Europas und seine Gliederung. Benenne dazu die in der Karte angegebenen Meere, Inseln/Halbinseln, Gebirge, Seen und Flüsse. Nutze den Atlas.

Meere/Meeresteile

A ______________________________

B ______________________________

C ______________________________

D ______________________________

E ______________________________

F ______________________________

G ______________________________

Flüsse/Seen

a ______________________________

b ______________________________

c ______________________________

d ______________________________

e ______________________________

f ______________________________

Inseln/Halbinseln

1 ______________________________

2 ______________________________

3 ______________________________

4 ______________________________

5 ______________________________

6 ______________________________

7 ______________________________

8 ______________________________

Gebirge

① ______________________________

② ______________________________

③ ______________________________

④ ______________________________

⑤ ______________________________

Geographiebuch, Seiten 9, 14

Europa – Großregionen und Staaten

1. Gestalte die Großregionen Europas farbig.

2. Ordne jeder Großregion einen Staat deiner Wahl mit Hauptstadt zu und trage die entsprechenden Buchstaben in die Karte ein.

☐ Nordeuropa	☐ Mitteleuropa	☐ Osteuropa
A ____________	C ____________	E ____________
a ____________	c ____________	e ____________
☐ Westeuropa	☐ Südeuropa	☐ Südosteuropa
B ____________	D ____________	F ____________
b ____________	d ____________	f ____________

3. Löse das Kreuzworträtsel. Klebe den zum Lösungswort passenden Sticker ein.

1 größte Halbinsel Europas
2 größtes Land, Lage in Europa und Asien
3 längster Fluss Europas
4 bevölkerungsreichste Stadt Europas
5 Staat mit der höchsten Bevölkerungsdichte in Europa
6 nördlichster Punkt Europas

1		K							V			
		2						A				
			3		O							
	4				K							
			5					C				
		6		O								

hier Sticker aufkleben

Flüsse – Donau und Wolga

1. Gib den Stationen entlang der Donau je eine Bildunterschrift.

2 ______________________

3 ______________________

1 ______________________

4 ______________________

2. Vergleiche die Mündungsformen von Flüssen.
Ergänze dazu unten stehende Tabelle.

5

Mündungs-formen	**Deltamündung**	**Trichtermündung**
Skizze	*hier Sticker aufkleben*	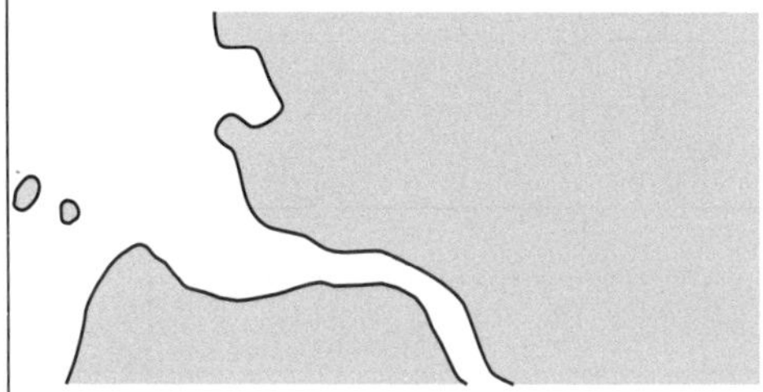
Beispiele	Donau, ______	Elbe, ______

3. Erarbeite einen Steckbrief zur Wolga.

Länge: ______ km (______ Fluss Europas) Land: ______ Quelle: ______ Mündung: ______ Meer	Nutzung: • ______ • ______ • ______ • ______

Geographiebuch, Seiten 16/17, 76, 116, 123

Klima- und Vegetationszonen

1. Benenne die Klimazonen Europas (linke Tabellenspalte).
2. Male jede Klimazone mit einer eigenen Farbe aus.
3. Ordne den Klimazonen Vegetationszonen zu (mittlere Tabellenspalte).
4. Klebe die passenden Sticker zu den Vegetationsmerkmalen auf.

Klimazone	Vegetationszone	Merkmale
☐ polare Klimazone	polare Kältewüste	vegetationslos
☐ ______ ______	______	hier Sticker aufkleben
☐ ______ ______	nördlicher Nadelwald	hier Sticker aufkleben
	Laub- und Mischwald	hier Sticker aufkleben
☐ ______ ______	______ ______	hier Sticker aufkleben

Klimaunterschiede von West nach Ost

1. Ermittle die in der Tabelle geforderten Temperatur- und Niederschlagswerte mithilfe der Klimadiagramme im Geographiebuch, S. 22, und trage sie in die Tabelle ein.

2. Vervollständige die Merkmale von Seeklima und Landklima. Nutze dazu folgende Begriffe: *kalte bis sehr kalte, kühl, warme bis heiße, hoch, gering.*

Das gemäßigte Klima ändert sich vom Meer zum Inneren Europas.			
	Valentia	**Berlin**	**Kasan**
Temperaturen: Jahresdurchschnitt im Juli im Januar	 _____ °C _____ °C _____ °C	 _____ °C _____ °C _____ °C	 3,7 °C 19,0 °C −13,0 °C
Niederschläge: Jahresmenge im Juli im Januar	 _____ mm _____ mm _____ mm	 _____ mm _____ mm _____ mm	 542 mm 77 mm 33 mm
Klimatyp	__________ klima	Übergangsklima	__________ klima
Merkmale	Temperaturen Sommer: __________ Winter: mild Temperaturgegensätze: gering Niederschläge: _____		Temperaturen Sommer: __________ Winter: __________ Temperaturgegensätze: hoch Niederschläge: _____

7

3. Beschreibe die Veränderungen in der gemäßigten Klimazone von West nach Ost.

____

____

____

____

West → Ost

Ein Brite geht das ganze Jahr nicht ohne Schirm aus dem Haus.

In Russland ist die Schapka im Winter ein wichtiges Kleidungsstück.

Begründe beide Aussagen.

______________________ | ______________________

______________________ | ______________________

______________________ | ______________________

______________________ | ______________________

Vom Eis geprägte Landschaften

Abtragungsformen

1. Benenne die eiszeitlichen Abtragungsformen und gib an, ob sie durch Gletschereis oder Schmelzwasser entstanden sind.

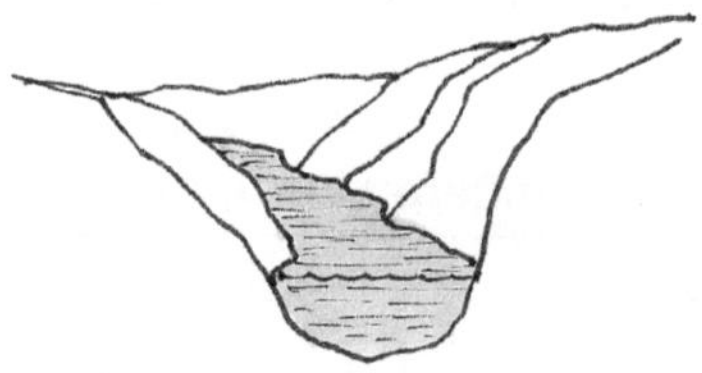

Abtragungsform: ____________________

entstanden durch: ____________________

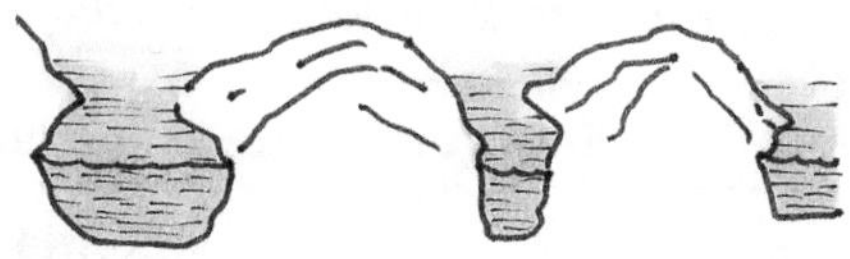

Abtragungsform: ____________________

entstanden durch: ____________________

2. Kreuze die jeweils richtige Aussage an und klebe den passenden Sticker auf.

Ein Fjell ist ...

- ☐ ein Rentierfell zum Zeltbau.
- ☐ eine abgeschliffene Hochfläche.
- ☐ ein Ort in Schweden.

hier Sticker aufkleben

Ein Findling ist ...

- ☐ ein Gletscherreiseführer.
- ☐ ein Stück Resteis vom Gletscher.
- ☐ ein vom Gletscher transportierter Stein.

hier Sticker aufkleben

Ablagerungsformen

3. a) Benenne die vier Teile der glazialen Serie.

b) Ordne den Teilen folgende Gesteine zu: *Sand und Lehm mit Steinen und Findlingen, Sand und Kies.*

c) Nenne Landschaften der glazialen Serie.

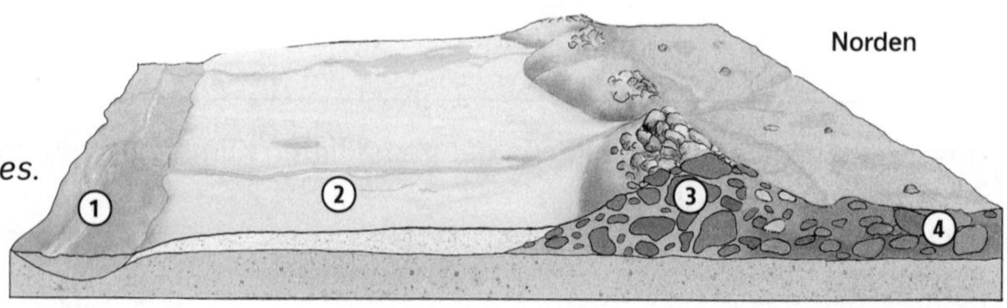

© Westermann 2998EX_9

Teil	① ______ *tal*	② ______	③ ______ *moräne*	④ ______ *moräne*
Entstehung	durch ______		durch ______	
Gestein	Auenlehm und Sand	______	______	Lehm mit Steinen und Findlingen
Landschaften	______	Lüneburger Heide	______	______

Geographiebuch, Seiten 30 – 31 und 36 – 38

Nordeuropa – Nutzung

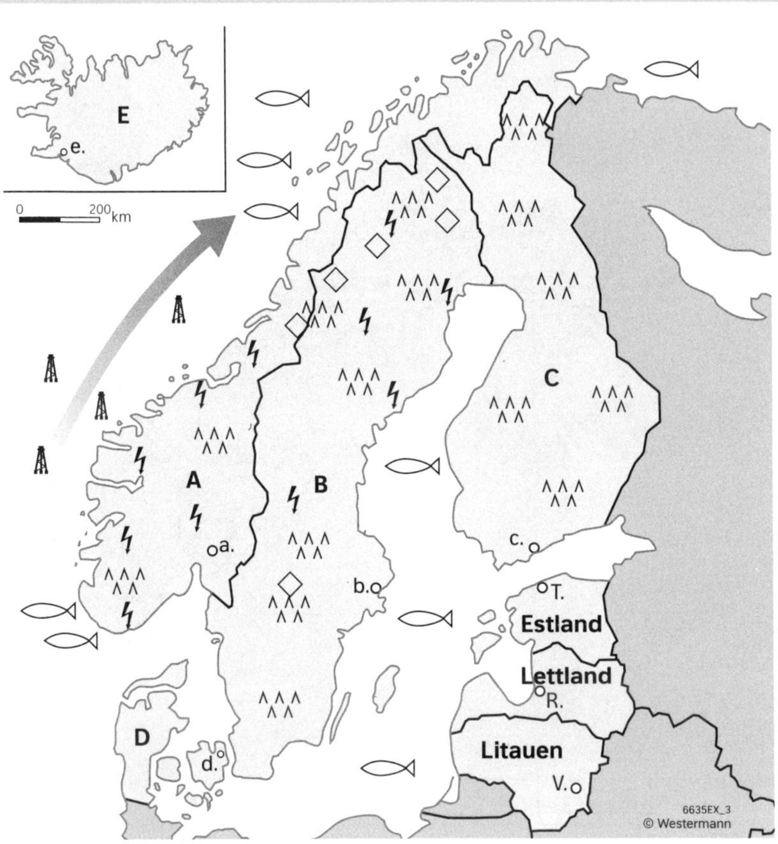

1. Benenne folgende Länder Nordeuropas und ihre Hauptstädte.

A ______

a. ______

B ______

b. ______

C ______

c. ______

D ______

d. ______

E ______

e. ______

T. ______

R. ______

V. ______

9

2. Ermittle Naturreichtümer Nordeuropas. Beschrifte die Legende. Nutze dazu den Atlas.

^^^	______	(Fisch-Symbol)	Fisch
ϟ	Wasserkraft	◇	Eisenerz
(Bohrturm-Symbol)	______	(Pfeil)	______

Weitere Naturreichtümer: ______

3. Wähle einen Naturreichtum aus und berichte darüber.
(Denke dabei an: Vorkommen, Gründe des Vorkommens, Verwendung, Nutzung/Förderung/Abbau, ökologische Probleme, Schutzmaßnahmen.)

______

______

______

______

______

______

______

______

Hochgebirgslandschaft – Alpen

1. Bezeichne die Länder, Flüsse sowie Seen in der Karte und benenne die Gipfel. Nutze den Atlas.

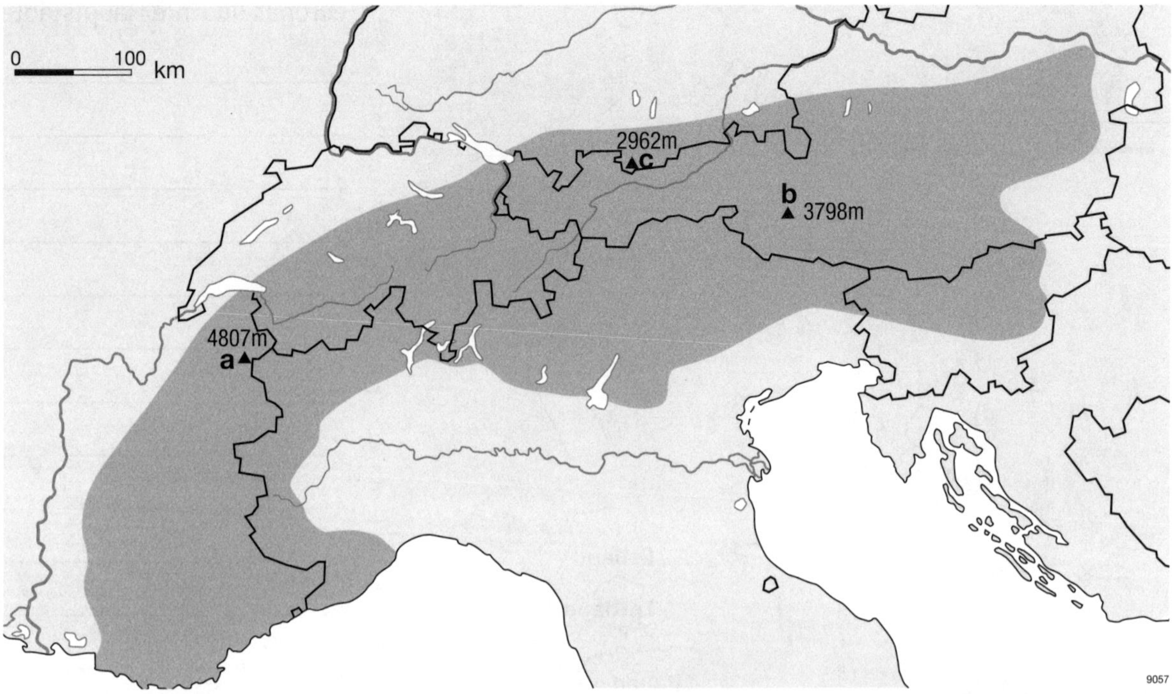

Länder	Flüsse/Seen	Gipfel
A Deutschland B Österreich C Schweiz D Frankreich E Italien F Slowenien	1 Rhein 2 Rhône 3 Inn 4 Bodensee 5 Gardasee	a ______ b ______ c ______

2. Vergleiche Hochgebirge und Mittelgebirge. Vervollständige die Tabelle.

Merkmale	Hochgebirge	Mittelgebirge
Foto	*hier Sticker aufkleben*	*hier Sticker aufkleben*
Höhe	______	______
Formen	______ ______	______ ______
Art nach Entstehung	______	Bruchschollengebirge
Klima	Mit steigender Höhe nehmen die ______ ab und die ______ zu.	

Alpen – Tourismus verändert eine Region

1950

2020

1. Vergleiche die Skizzen von 1950 und 2020. Beschreibe die Veränderungen.

Vegetation: ____________________

____

____

____

____

____

Verkehr/Bebauung: ____________________

____

____

____

____

____

Nutzung: ____________________

____

____

____

2. a) Nenne Folgen des Massentourismus in den Alpen.
b) Erläutere, durch welche Maßnahmen die Alpen geschützt werden sollen.

Folgen des Massentourismus	Maßnahmen zum Schutz

Europa – Industrieräume

1. Benenne die zehn Verdichtungsräume in der Karte. Nutze auch den Atlas.

Verdichtungsräume

1 Halle-Leipzig
2 Ruhrgebiet
3 Mittelenglisches Industriegebiet
4 Prag
5 Städteviereck Norditalien
6 Stockholm
7 Moskau
8 Paris
9 Oberschlesisches Industriegebiet (GOP)
10 Barcelona

2. Richtig oder falsch? Suche in den Wortreihen den nicht dazu passenden Begriff und streiche ihn durch. Bilde zu den passenden Begriffen jeweils einen Oberbegriff.

Wortreihen	Oberbegriff
a) Paris, Madrid, Wien, Rom, Barcelona, Moskau, Prag	
b) Böhmen, Black Country, Großraum Paris, Zentralmassiv, Mailand-Turin-Bologna-Genua	
c) Skoda, Seat, BMW, VW, Fiat, Ford	
d) Themse, Tower, Buckingham Palast, Flughafen Heathrow, Akropolis	
e) Europaflagge, Europäische Union, Euro, Euro-region, Eurotunnel, Eurofluss, Europahymne	

Geographiebuch, Seiten 62 – 69, 83, 121

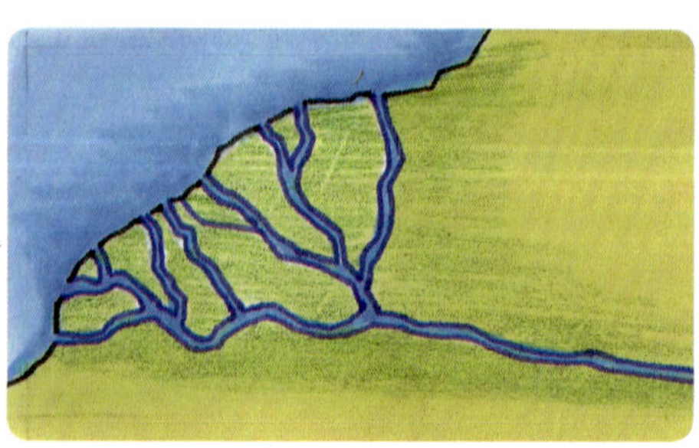

Strukturwandel in Mittelengland

1. Benenne die topographischen Objekte (Karte).

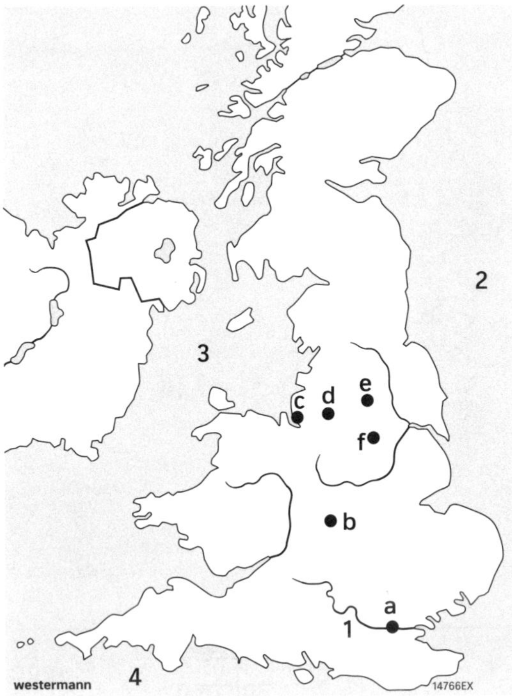

a ______________

b ______________

c ______________

d ______________

e ______________

f ______________

1 ______________

2 ______________

3 ______________

4 ______________

2. Ergänze die Symbole in der Tabelle (Atlas).

	Steinkohle
	Erdgas
	Eisen- und Stahlerzeugung
	Buntmetallverhüttung
	Maschinenbau
	Luft- und Raumfahrttechnik
	Kraftfahrzeugbau
	Chemie
	Erdölraffinerie
	Elektroindustrie
⬡	Dienstleistungszentrum
	Nahrungs- und Genussmittel

3. Trage je zwei Symbole zu den benannten Industriestandorten in die Karte ein.

13

4. Das mittelenglische Industriegebiet hat seine Struktur, ähnlich wie das Ruhrgebiet in Deutschland, verändert. Die folgenden Sätze beschreiben den Strukurwandel. Kreuze jeweils die Aussagen an, die für das entsprechende Industriegebiet zutreffen.

Ruhrgebiet		Mittelengland
	Kohle und Eisenerz wurden abgebaut.	
	Die Eisen- und Stahlindustrie entwickelte sich.	
	Immer mehr Menschen zogen in das Industriegebiet.	
	Das älteste Industriegebiet der Welt entstand.	
	In den 1970er-Jahren wurden Eisen und Stahl billig aus anderen Ländern importiert.	
	Viele Bergwerke und Stahlhütten schlossen, Menschen verloren ihre Arbeit.	
	Die Textilindustrie verlor an Bedeutung, weitere Arbeitsplätze gingen verloren.	
	Moderne Industrien und Dienstleistungszentren wurden angesiedelt.	
	Freizeiteinrichtungen und Einkaufszentren wurden gebaut.	
	Neue Arbeitsplätze entstanden.	

Europa – Bevölkerung

1. Bezeichne die zehn bevölkerungsreichsten Städte Europas in der Karte. Welche Stadt liegt nur zum Teil in Europa? Nr. __

2. Ordne den Städten jeweils die Länder, Autokennzeichen und Staatsflaggen zu (Tabelle).

3. Kennzeichne in der Karte fünf Regionen Europas mit einer Bevölkerungsdichte von über 200 EW/km² farbig. Nutze auch den Atlas (Europa: Bevölkerung).

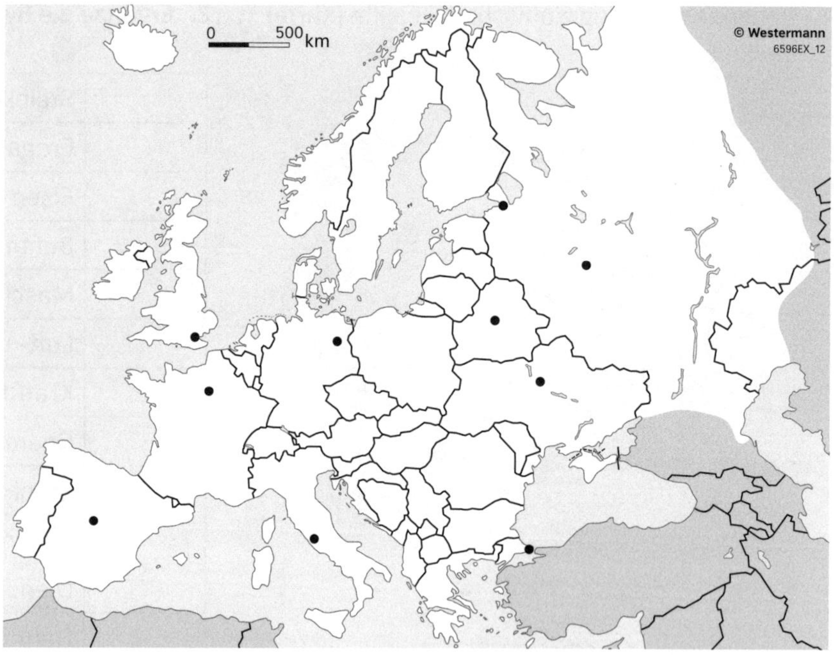

Stadt	Land	Autokennzeichen	Flagge
1 Moskau			*hier Sticker aufkleben*
2 Istanbul			*hier Sticker aufkleben*
3 London			*hier Sticker aufkleben*
4 St. Petersburg			*hier Sticker aufkleben*
5 Berlin			*hier Sticker aufkleben*
6 Madrid			*hier Sticker aufkleben*
7 Kiew			*hier Sticker aufkleben*
8 Rom			*hier Sticker aufkleben*
9 Paris			*hier Sticker aufkleben*
10 Minsk			*hier Sticker aufkleben*

Geographiebuch, Seiten 70 – 71

Metropolen – London und Paris

1. Nenne Merkmale einer Metropole. Streiche die falschen Aussagen durch. Kreise die richtigen Merkmale ein und verbinde sie mit dem grauen Feld in der Mitte.

hat Bedeutung über das Land hinaus

ist politisches Zentrum

ist eine Kleinstadt oder ein Dorf

hat ein Schwimmbad, aber kein Kino

ist Sitz vieler internationaler Unternehmen

ist wirtschaftliches Zentrum des Landes

Merkmale einer Metropole

liegt meist in der Nähe der Landeshauptstadt

hat nur Bedeutung für die Orte im Umland

ist ein bedeutendes Bergbaugebiet

ist meist Regierungssitz des Landes

ist kulturelles Zentrum

ist ein bedeutendes Landwirtschaftsgebiet

2. Finde die richtigen Satzenden. Kreuze sie an.

London ist ...	reich an Sehenswürdigkeiten.	
	eine Wirtschaftsmetropole.	
	die größte Stadt der Welt.	
Die „City of London" ist ...	Sitz der Regierung.	
	ein Hochhausviertel.	
	ein europäisches Finanzzentrum.	
In London gibt es ...	den Nullmeridian.	
	den größten Flughafen Europas.	
	den Euro-Disney-Freizeitpark.	

Ich bin ein Wahrzeichen Londons. Wie werde ich genannt?

____

15

3. Fertige eine Mindmap zur Metropole Paris an. Nutze dazu die Schrittfolge im Geographiebuch, Seite 82.

Metropole Paris

Geographiebuch, Seiten 72 – 75, 82

Europäische Union – Europa wächst zusammen

1. Vervollständige die nachfolgenden Sätze zur Europäischen Union.

Der Europäischen Union (_____) gehören gegenwärtig _____ Staaten an.

Die Europaflagge besteht aus einem ______________ Grund und

_____ ______________ .

Die gemeinsame Währung der EU heißt ___________ (___).

Das Parlament der EU wird alle ___ Jahre von den Bürgerinnen und Bürgern der Mitgliedsstaaten gewählt. Es hat seinen Sitz in ______________________ .

hier Sticker Flagge aufkleben

2. a) Nenne Bereiche der Zusammenarbeit in Euroregionen.
b) Zähle je eine Euroregion auf, die Deutschland mit den angegebenen Nachbarländern verbindet.
c) Nenne und beschreibe zwei Beispiele der Zusammenarbeit in der Europäischen Union.

Euroregionen (a und b)	
Bereiche der Zusammenarbeit: • ____ • ____ • ____ • ____	mit Dänemark: ____ mit Frankreich: ____ mit Österreich: ____ mit Tschechischer Republik: ____
Forschung (c)	**Verkehr (c)**
Beispiel: ____ Ziele: ____ Zusammenarbeit: ____	Beispiel: ____ Ziele: ____ Zusammenarbeit: ____

3. Ermittle Waren, die du aus anderen europäischen Ländern kaufen kannst.

Industriegüter	Land	Lebensmittel	Land
Fiat	Italien	Camembert	Frankreich

16

Geographiebuch, Seiten 76 – 81

Befragung – Meinungen zu Europa

Befragung

1. Befrage Personen in deinem Lebensumfeld (Verwandte, Bekannte, Freunde, Mitbewohner u. a.) darüber, was sie von der Europäischen Union erwarten.
2. Schreibe die Antworten ausgewählter Personen in die Sprechblasen.
3. Trage deine eigene Meinung ganz unten rechts ein.

Name: ____________

Name: ____________

Name: ____________

Name: ____________

Name: ____________

Platz für ein Foto von mir

mein Name: ____________

In der subtropischen Zone

1. Benenne die topographischen Objekte in der Karte bzw. in der Legende.

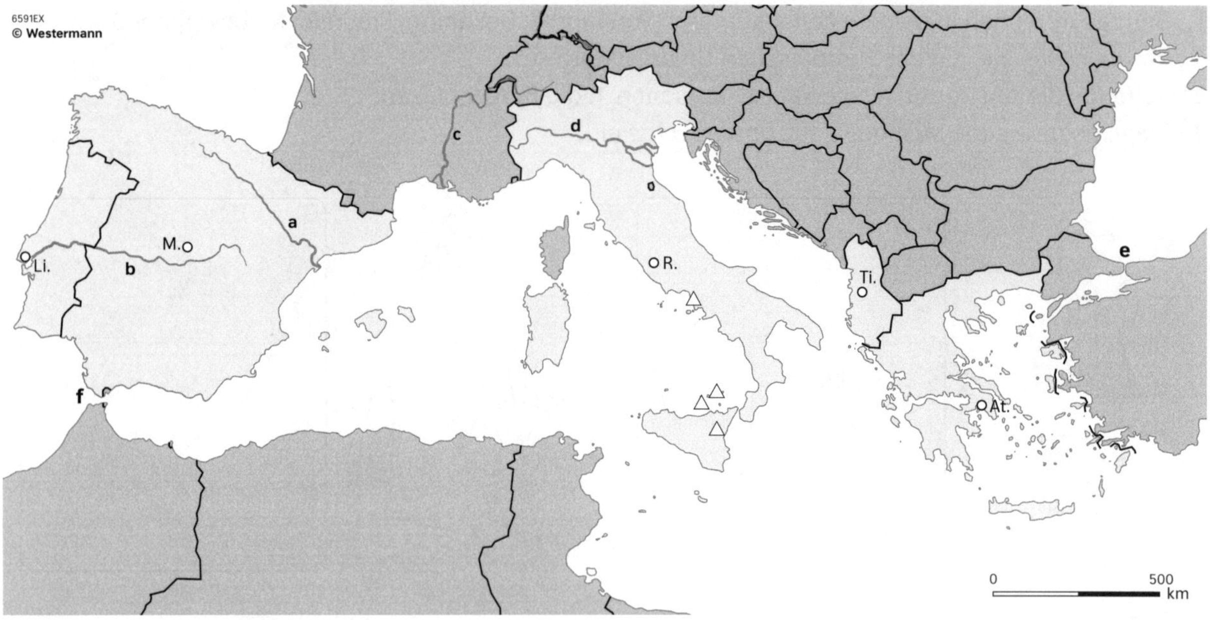

Länder	**Hauptstädte**	**Inseln/Halbinseln**	**Flüsse/Meerengen**
1 Portugal	______	A Sizilien	a ______
2 Spanien	______	B Balearen	b ______
3 Italien	______	C Kreta	c ______
4 Albanien	______	D Iberische Halbinsel	d ______
5 Griechenland	______	E Apenninen-Halbinsel	e ______
		F Balkan	f Str. v. Gibraltar

2. Skizziere einen Schichtvulkan und beschrifte deine Skizze. Denke dabei an *Schlot, Magmakammer, Krater, Wechsel von Lava* und *Asche*. Nutze das Geographiebuch.

3. Begründe, warum Menschen in direkter Nähe zu Vulkanen leben.

______

______

______

______

______

______

______

Klima, Vegetation und Landwirtschaft

1. Werte die Klimadiagramme von Rom und Antalya aus und trage die Ergebnisse in die Tabelle ein.

Ort/Land	Rom/ ______________	Antalya/ ______________
Jahrestemperatur	______________ °C	______________ °C
Jahresniederschlag	______________ mm	______________ mm
Januar: Temperatur	______________ °C	______________ °C
Niederschläge	______________ mm	______________ mm
Juli: Temperatur	______________ °C	______________ °C
Niederschläge	______________ mm	______________ mm

2. a) Nenne die Klimazone, in der beide Stationen liegen. ______________________________

b) Beschreibe die Sommer und die Winter dieser Klimazone. Fülle dazu den Lückentext aus und verwende die Begriffe *heiß, mild, feucht, trocken*.

Die Winter im Mittelmeerraum sind ____________________ und ____________________.

Die Sommer sind __________________ und __________________.

3. Beschreibe, wie sich die Pflanzen und Früchte an die natürlichen Bedingungen angepasst haben.

a) Klebe zuerst passende Sticker auf.

b) Nenne Merkmale der Pflanzen und Früchte.

hier Sticker aufkleben	*hier Sticker aufkleben*	*hier Sticker aufkleben*
Hartlaubgewächse	**Zitrusfrüchte**	**Olivenbaum**
______________	______________	______________
______________	______________	______________
______________	______________	______________

4. Vervollständige die Sätze mit den Worten: *Tröpfchenbewässerung, Bewässerungsfeldbau, Speicherbecken, Niederschlag*.

Da die Sommer in den Subtropen heiß und trocken sind, wird ____________________ betrieben. Der __________________ im Winter wird in großen __________________ gesammelt.

Zum sparsamen Umgang mit Wasser wird immer mehr ______________________ angewendet.

Geographiebuch, Seiten 21, 86 – 95

Island – Insel aus Feuer und Eis

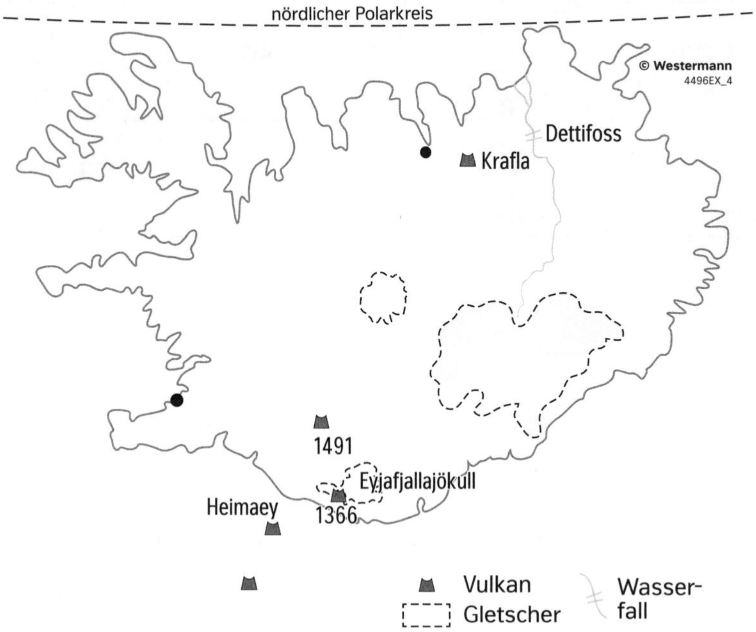

1. Beschreibe die Lage Islands. Ergänze dazu die Sätze (Atlas):

hier Flagge aufkleben

Island ist eine Insel im Europäischen

______________________________ .

Sie wird im Norden begrenzt durch den ______________________

______________________ (66,5 N).

2. Benenne in der Kartenskizze die Städte, Vulkane und Gletscher.

a Reykjavik
b Akureyri

1 Hekla
2 Surtsey

I Vatnajökull
II Langjökull

3. Beschreibe Island als „Feuerinsel“ und „Eisland“

Island – „Feuerinsel“	Island – „Eisland“

4. Erläutere, weshalb auf Island die Energie umweltfreundlich erzeugt werden kann und wie sie genutzt wird.

____

____

____

____

____

Analyse eines Landes – Ungarn

1. Gestalte die Karte zu Ungarn. Benenne dazu die Nachbarländer, trage die Landschaften ein und kennzeichne die Flüsse. Verwende verschiedene Farben.

Kartenüberschrift: ______________________________

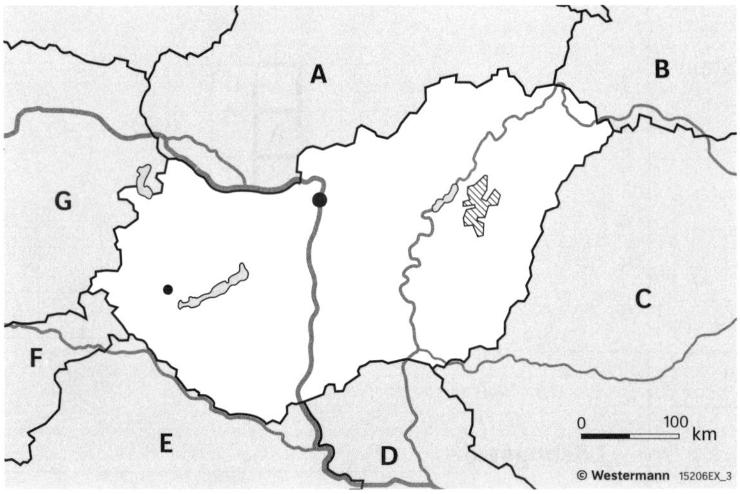

Nachbarländer Ungarns

A ____________
B ____________
C ____________
D ____________
E ____________
F ____________
G ____________

Flüsse und Landschaften

a Donau
b Theiß
I Ungarische Tiefebene
II Puszta

2. Auf einer Rundreise durch Ungarn machst du an drei Stationen Halt.
a) Trage die Stationen mit ihren Nummern in die Karte ein. Gib der Karte eine Überschrift.
b) Fertige zu den Stationen 1 bis 3 einen Steckbrief an.

Station 1: Budapest

____
____
____
____
____
____

Station 2: Hortobágy

____
____
____
____
____
____
____
____
____
____

Station 3: Balaton

____
____
____
____
____
____
____
____

hier Sticker Flagge aufkleben

Europa: Gewusst – gekonnt

1. Löse das „Eiszeiträtsel".
Nutze auch das Internet.

1 große Eismassen
2 Tätigkeit des Eises im Norden
3 Ablagerungsformen
4 aus dem Norden transportierter Stein
5 vom Eis geformte Hochfläche
6 mit Meerwasser gefülltes Tal

1		L							
2	A		T						G
3	M			Ä		N			
	4								
		5					L		
	6		J						

Lösungswort: ______________________

2. Löse das „Industrierätsel".

1 europäisches Flugzeug
2 Produkt aus Kohle und Eisen
3 Industriestadt in Norditalien
4 größter Hafen Europas
5 Industriestadt in Mittelengland
6 Stadt mit besonderer Bedeutung

1					A				U						
2								A							
3					U										
4		O					D								
5						M						S			
6								E						L	

Lösungswort: ______________________

3. Suche in den Wortreihen den nicht dazu passenden Begriff. Streiche ihn durch.

a) Mallorca – Korsika – Kreta – Malta – Rügen – Schottland – Irland

b) Donau – Wolga – Rhein – Balaton – Po – Themse – Weichsel

c) Wien – Paris – London – Rom – Riga – Prag – Rotterdam – Sofia

d) Steppe – Tundra – Nadelwald – Seeklima – Laub- und Mischwald

e) Portugal – Spanien – Norwegen – Italien – Griechenland

4. Löse das „Vulkanrätsel". Die rechte Spalte zeigt das Lösungswort.

1 Gebirge im Osten Europas
2 Insel im Mittelmeer
3 Vulkan in Italien
4 Mündungsform

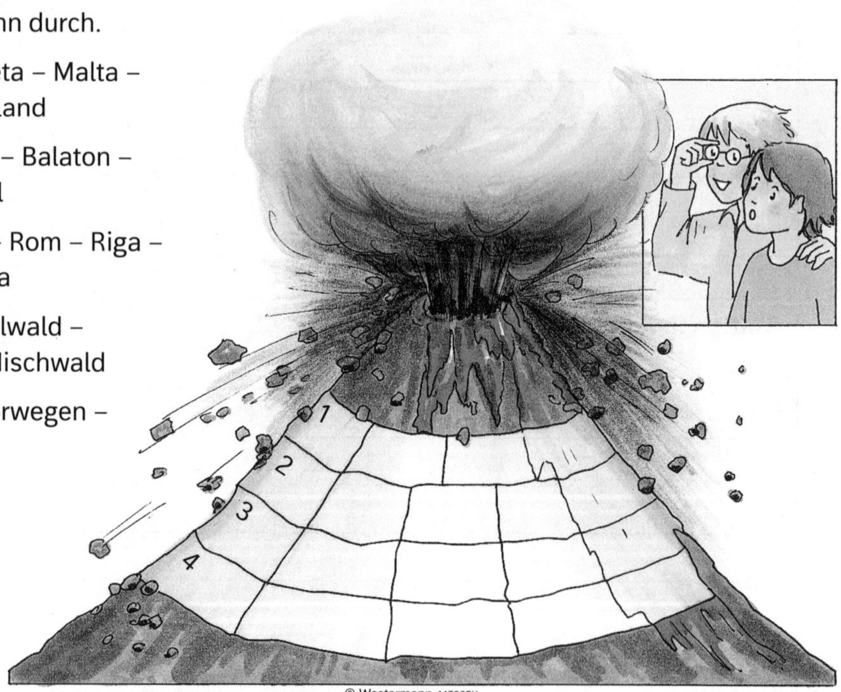

Lösungswort: ______________________

Europa-Puzzle

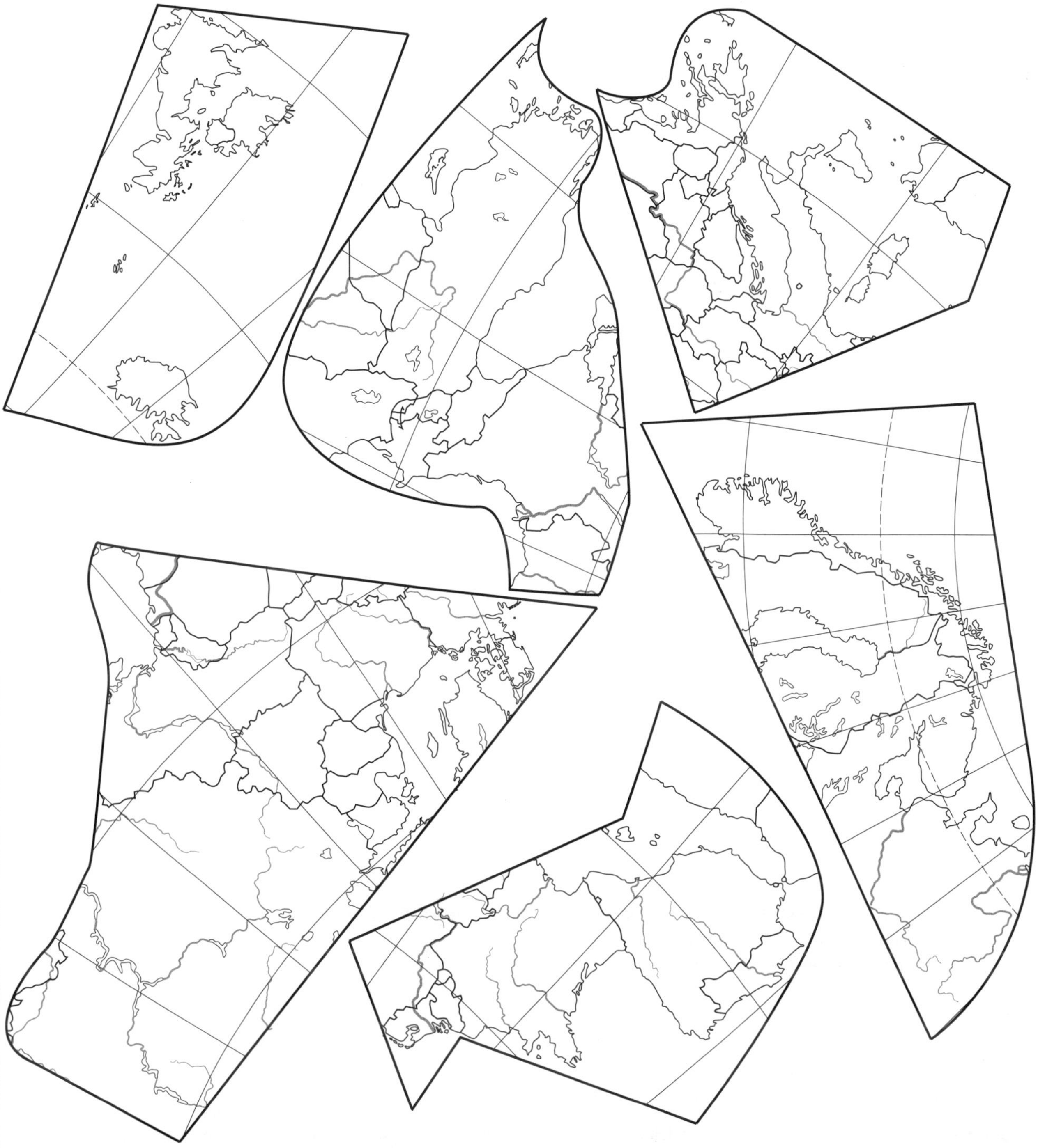

1. Schneide die Puzzle-Stücke aus.
2. Setze die Teile anschließend richtig zusammen und klebe sie auf ein Blatt Papier.
3. Beschrifte selbst gewählte, geographische Objekte in der Karte (z. B. Meere, Flüsse, Inseln).

Bildquellenverzeichnis

|Behörde für Stadtentwicklung und Umwelt, Hamburg: Geologisches Landesamt Hamburg: Stickerbogen rechts 1. |fotolia.com, New York: da_bu Stickerbogen links 9; eyetronic Stickerbogen links 3; Jens Ottoson: Stickerbogen rechts 2; Michael Urmann: Stickerbogen rechts 9. |Herzig, Reinhard, Wiesenburg: Stickerbogen links 5. |iStockphoto.com, Calgary: elxeneize Titel; Fernahl, Michael: Stickerbogen rechts 5; Issaurinko 15.1; Koldunov 7.2; Trout55 Stickerbogen links 1; zbruch Stickerbogen links 7, Stickerbogen rechts 3, Stickerbogen rechts 4, Stickerbogen rechts 6, Stickerbogen rechts 7,Stickerbogen rechts 8, Stickerbogen rechts 10, Stickerbogen rechts 11, Stickerbogen rechts 12, Stickerbogen rechts 13, Stickerbogen rechts 14, Stickerbogen rechts 15, Stickerbogen rechts 16. |Lindau, Anne-Kathrin, Lieskau: 25.6. |Mithoff, Stephanie, Hardegsen-Hevensen: 2.1, 17.1, 17.2, 17.3, 17.4, 17.5. |Picture-Alliance GmbH, Frankfurt/M.: RIA Nowosti Stickerbogen links 2. |Schönauer-Kornek, Sabine, Wolfenbüttel: 5.1, 8.1, 8.2, Stickerbogen links 8, Stickerbogen links 10. |stock.adobe.com, Dublin: Africa Studio 7.1. |Trobitzsch, Jörg, Buchholz: Stickerbogen links 4.

Mit Beiträgen von Evelyn Dieckmann und Ines Schmidt

Georg-Westermann-Allee 66, 38104 Braunschweig
service@westermann.de, www.westermann.de

Druck A6 / Jahr 2026
Alle Drucke der Serie A sind im Unterricht parallel verwendbar.

Redaktion: Lektoratsbüro Eck, Berlin
Druck und Bindung: Westermann Druck GmbH, Georg-Westermann-Allee 66, 38104 Braunschweig

ISBN 978-3-14-**117407**-6